MANUEL

DE

L'AMATEUR DE CAFÉ.

Metz.—Imprimerie d'E. Hadamard.

MANUEL

DE

L'AMATEUR DE CAFÉ,

OU

L'ART DE CULTIVER LE CAFIER, DE LE MULTIPLIER,
D'EN RÉCOLTER SON FRUIT ET DE PRÉPARER AGRÉA-
BLEMENT ET ÉCONOMIQUEMENT SA BOISSON PAR
DES PROCÉDÉS TANT ANCIENS QUE NOUVEAUX;

SUIVI

*Des propriétés physiologiques et médicales de
cette boisson, et de la manière de cultiver la
chicorée et d'en préparer la poudre, ainsi
que des détails sur un autre Café indigène
proposé par l'auteur, comme ayant un arome
et une saveur beaucoup plus agréable.*

PAR M. L. CLERC, F. D. M. N.

A peine j'ai goûté ta liqueur odorante,
Soudain de ton climat la chaleur pénétrante
Agite tous mes sens. . . . .
Et je crois du génie éprouvant le réveil,
Boire, dans chaque goutte, un rayon de soleil.
DELILLE.

Paris,

CHEZ L'ÉDITEUR,

A LA LIBRAIRIE FRANÇAISE ET ÉTRANGÈRE,
Palais-Royal, Galerie de Pierre, n. 185-186.
au coin du Passage Valois.

1828.

Préface.

PARMI les productions exotiques propres à former des boissons, et que le commerce nous apporte annuellement, il n'en est aucune dont l'usage soit plus généralement répandue que celui du café ; bien que son usage date d'une époque fort reculée, il est cependant beaucoup de monde qui ignorent encore la manière de cultiver l'arbre qui produit cette graine si précieuse, de là récolter, d'en préparer agréablement et économiquement sa boisson, ainsi que ses propriétés. C'est ce que

je me propose de faire connaître
dans cet ouvrage, et pour mettre
un peu d'ordre dans ces différens
détails, je le divise en six parties ;
dans la première, je décrirai le cafier, je tracerai ensuite son histoire, et je ferai connaître l'analyse
chimique de son grain. Dans la
deuxième, la manière d'en préparer
agréablement et économiquement
sa boisson. Dans la troisième, ses
propriétés physiologiques. Dans la
quatrième, ses propriétés médicales.
Dans la cinquième, la manière de
cultiver la chicorée, de récolter sa
racine et d'en préparer sa poudre
ainsi que deux autres substances que
je propose de lui substituer comme
ayant une saveur plus agréable.

Dans la sixième, le prix de chaque sorte de café, connu dans le com— merce, le nom et la demeure des différens marchands où on le trouve toujours en bonne qualité, et l'a— dresse des limonadiers chez lesquels on trouve cette boisson bien préparée et à un prix modéré.

MANUEL

DE

L'AMATEUR DE CAFÉ.

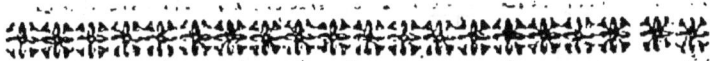

❦❦❦❦❦❦❦❦❦❦❦❦❦❦❦❦❦❦

PREMIERE PARTIE.

DESCRIPTION BOTANIQUE DU CAFIER.

L<small>E</small> Cafier (cœffea arabica, Linn.), est un arbrisseau toujours vert, qui appartient à la pentandrie monogynie de Linnée et à la famille des rubiacées de Jussieu. Sa racine est roussâtre, pivotante, peu fibreuse. Son tronc s'élève communément en ligne droite, jusqu'à la hau-

teur de plus de quinze pieds, revêtu
d'une écorce fine qui se gerce en se
desséchant, il pousse d'espace en espace des branches, dont les inférieures
sont ordinairement simples et horison-
tales, tandis que les supérieures, sou-
ples, lâches, très-ouvertes, noueuses
par intervalles, sont opposées deux à
deux, et situées de manière qu'une
paire croise l'autre. Ses feuilles sont
opposées, simples, ovales, lancéolées,
acuminées, très-entières, ondulées, vertes, glabres, luisantes en-dessus, pâles
en-dessous, larges de deux pouces,
longues de quatre à cinq, portées sur
des pédoncules fort courts: on voit à leur
base, sur la surface nue des rameaux,
deux stipules intermédiaires, courtes,
aiguës subulées. Ses fleurs analogues
pour la figure, la couleur et le volume,
à celles du jasmin d'Espagne sont blan-

ches, soûtenues par un pédoncule, ex-
trêment court et disposées par groupes
de quatre ou cinq, dans les aisselles
des feuilles. Chaque fleur présente un
petit calice monophyle, quinquédenté;
une corolle monopétale, infendubiti-
forme dont le tube cylindrique est
beaucoup plus long que le calice et le
limbe partagé en cinq découpures lancéolées ouvertes; cinq étamines sail-
lantes, terminées par des anthères li-
néraires. Son fruit est une baie obronde,
grosse comme une cerise, rouge comme
elle, et même plus foncée lorsqu'elle
est parvenue à sa parfaite maturité. Cette
baie, couronnée par un petit ombelic
renferme dans une pulpe glaireuse,
deux coques minces intimement unies,
dont chacune enveloppe une graine
cartilagineuse, ou calleuse grise, jaunâtre ou verdâtre, tantôt hémisphé-

rique, tantôt et le plus souvent ovale, convexe sur son dos applati, et creusée d'un sillon au côté opposé entourée d'une tunique propre. C'est cette graine qui, versée dans le commerce, porte le nom de café.

On distingue dans le commerce, différentes sortes de café que l'on désigne en général sous les noms des pays où on les récolte : tels sont le café Moka, le café Martinique, le café Bourbon, et le café de Saint-Domingue. Le café Moka est celui qui possède l'arôme le plus agréable et le plus développé, qui est par conséquent le plus cher et le plus estimé. Chacune de ses variétés à des qualités qui lui sont particulières : ainsi le café Bourbon, dont le grain est plus gros et jaunâtre a un arôme très-développé; le café Martinique qui est verdâtre est âcre et plus amer.

HISTOIRE

DU CAFÉ ET DU CAFIER.

Le cafier est originaire de la Haute-Éthiopie, où il a été connu de tems immémorial, et où il est encore cultivé avec beaucoup de succès. Ce sont les orientaux qui nous ont transmis l'usage du café. Les uns disent qu'on en doit la première expérience à la vigilance du supérieur d'un monastère d'Arabie, qui, voulant tirer ses moines du sommeil qui les tenait assoupis dans la nuit aux offices du chœur, leur en fit boire l'infusion, sur la relation des effets que ce fruit causait aux boucs qui en avaient mangé. D'autres prétendent qu'un Molach, nommé Chadely, fut le premier Arabe qui prit du café, dans

2.

la vue de se délivrer d'un assoupisse-
ment continuel qui ne lui permettait
pas de vaquer convenablement à ses
prières nocturnes. Ses Derviches l'i-
mitèrent. Leur exemple entraîna les
gens de la loi. On s'aperçut bientôt
que cette boisson égayait l'esprit et
dissipait les pesanteurs de l'estomac.
Ceux mêmes qui n'avaient pas besoin
de se tenir éveillés, l'adoptèrent.

Des bords de la mer Rouge, cet
usage passa à Médine, à la Mecque,
et, par des pélerins, dans tous les pays
mahométans. Enfin, on lit dans un
manuscrit arabe qui est à la biblio-
thèque du roi, que le cafier, quoique
originaire de l'Arabie Heureuse, était
en usage en Afrique et dans la Perse
bien long-tems avant que les Arabes
en eussent fait une boisson. Vers le
milieu du 15ᵉ siècle le muphti d'Aden;

ville de l'Arabie, voyageant dans la
Perse, y vit employer cette liqueur, et
à son retour il la fit connaître dans
son pays ; d'Aden, l'usage s'en répandit dans tous les lieux soumis à la loi
de Mahomet.

Dans plusieurs villes de ces contrées,
on imagina d'établir des maisons pu-
bliques où se distribuait le café tout
préparé. En Perse, ces maisons devin-
rent, comme chez nous, un asyle hon-
nête des gens oisifs, et un lieu de dé-
lassement pour les hommes occupés.
Les politiques s'y entretenaient de
nouvelles, les poètes y récitaient leurs
vers, et les molachs leurs sermons.

A Constantinople, les choses ne se pas-
sèrent pas si tranquillement. On n'y eut
pas plutôt ouvert les cafés, qu'ils furent
fréquentés avec fureur. D'après les repré-
sentations du muphti, le gouvernement,

sous Amurat III, fit fermer ces lieux publics, et ne toléra l'usage de cette liqueur que dans l'intérieur des familles; mais un penchant décidé triompha de cette sévérité : on continua de boire du café publiquement; et les lieux où on le distribuait se multiplièrent beaucoup.

Pendant la guerre de Candie et sous la minorité de Mahomet IV, le grand visir Koproli les supprima de nouveau ; mais cette précaution fut aussi inutile que les précédentes; elles n'eurent d'autre effet, dit Ricault, que de diminuer le revenu de l'État.

Au commencement du 16ᵉ. siècle, le café produisit pareillement des troubles au Caire. L'an 1523 ou 930 de l'hégire, Abd'allah Ibrahim cheik, prêcha hautement contre cette boisson dans la mosquée de Hasananie. Les têtes s'échauffèrent, les parties en vinrent aux mains ; mais le Cheik el-belet (le commandant de la ville) assembla tous les docteurs de la ville, et après avoir entendu avec patience une longue et ennuyeuse discussion , fit servir du café à toute l'assemblée et leva la séance sans proférer un seul mot. Cette mesure rétablit la tranquillité des esprits. C'est ainsi que l'usage du café adopté universellement dans l'Orient, s'y est perpétué malgré la violence des lois et l'autorité de la religion qui s'étaient réunies pour le proscrire.

Le café avait commencé à être en crédit à Constantinople, sous le règne de Soliman-le-Grand, l'an 1554. Ce fut environ un siècle après qu'on l'adopta à Londres et à Paris ; mais son introduction en Angleterre éprouva

2.

sous Charles II, les mêmes difficultés
qu'elle avait éprouvées en Turquie sous
Amurat et Mahomet. On trouva que
les cafés devenaient des assemblées un
peu trop considérables, et on les supprima tous en 1675 comme de sémi-
naires de sédition.

En France, on fut plus modéré
qu'en Angleterre. L'établissement de
ces lieux publics s'y fit, et s'y maintint
paisiblement. En 1669, Soliman-Aga,
(ambassadeur de la Porte Ottomane)
qui demeura à Paris pendant un an,
fit goûter du café à un grand nombre
de personnes qui, après son départ, con-
tinuèrent à en faire usage. La première
salle publique de café fut construite à
la foire Saint-Germain, par un armé-
nien nommé Pascal, en 1672. Depuis,
il s'en établit sur le quai de l'École, où
l'on voit encore une boutique au coin

de la rue de la Monnaie. La salle n'é -
tait fréquentée que par des chevaliers
de Malte et par des étrangers. Ayant
quitté Paris pour aller à Londres , il eut
plusieurs successeurs. Une tasse de café,
ne se vendait à cette époque que deux
sous six deniers. Enfin Étienne d'A-
lep construisit le premier , à Paris ,
une salle décorée avec des glaces et des
tables de marbre ; elle était dans la rue
Saint - André - des - Arcs , vis - à - vis le
pont Saint-Michel.

Un peuple naturellement vif et léger,
dut adopter bien vite l'usage d'une
boisson qui était si propre à entrete-
nir sa gaîté ordinaire. Elle fut d'abord
un objet de fantaisie ou de luxe ; et elle
ne tarda pas à devenir un véritable
besoin , surtout pour les riches. Le
goût s'en répandit de proche en proche
dans toutes les conditions et dans tous

les pays. Les habitans du Nord s'y ac-
coutumèrent très-bien ; ils préférèrent
cette boisson à leurs liqueurs. Enfin,
toute l'Europe entière prit du café.
Il était impossible qu'un goût devenu
si général ne donnât point envie aux
Européens de posséder l'arbre qui produisait une graine si précieuse. Les
puissances maritimes de cette partie du
monde avait des colonies placées entre
les tropiques ; elles songèrent à y transporter le cafier ; mais il fallait alors l'aller chercher dans son pays natal, c'est-
à-dire en Arabie ; car c'était de cette
seule contrée que venait alors tout le
café qui se débitait dans le commerce.
Cette importante entreprise était réser-
vée à une nation connue par son indus-
trie. Les Hollandais furent les premiers
qui transportèrent cet arbre de Moka
à Batavia, leur colonie ; et de Batavia

à Amsterdam. Ce fut de cette dernière ville, que, vers le commencement du 18°. siècle, le consul général de France en envoya un pied à Louis XIV. Cet arbrisseau qui fut placé dans les serres du Jardin des Plantes de Paris, se couvrit de fruit dès la première année, et se multiplia merveilleusement par les soins d'Antoine de Jussieu· Le gouvernement conçut dès-lors le projet de naturaliser le caffer dans ses possessions des Indes occidentales. Il en envoya trois pieds à la Martinique. Déclieux se chargea en 1720, du soin de les transporter. La traversée fut longue et pénible, la provision d'eau vint à manquer, elle fut strictement mesurée aux gens de l'équipage, ce qui fut cause de la mort des deux pieds.

Chacun craint d'éprouver les tourmens de Tentale;
Déclieux seul les défie, et d'une soif fatale

Étouffant tous les jours la dévorante ardeur,
Tandis qu'un ciel d'airain s'enflamme de splendeur
De l'humide élément qu'il refuse à sa vie,
Goutte à goutte il nourrit une plante chérie :
L'aspect de son arbuste adoucit tous ses maux.

ESMÉNARD , la Navigation , chant VI.

C'est à cette pénible privation , et à ce noble dévouement que les nombreux cafiers cultivés aujourd'hui à la Martinique, à Saint-Domingue , à la Guadeloupe et à Bourbon, doivent leur existence.

Culture du cafier applicable dans tous les lieux où peut croître ce végétal.

Une terre neuve et franche et tant soit peu légère est celle qui con—

vient le mieux au cafier. Il se plaît sur
les côteaux , sur les montagnes même;
et dans tous les lieux où la trop grande
ardeur du soleil peut être tempérée
par des pluies ou par des arbris na-
turels ; il craint le voisinage de la mer ,
dont l'air salin dessèche sa fleur et son
fruit; l'exposition du nord et de l'ouest
est celle qui lui est le plus favorable.

Quand on veut former une caféterie
(c'est le nom que l'on donne aux plantations du cafier), on doit commencer
par faire disparaître du terrain tous les
arbres, arbustes et buissons qui le cou-
vrent. Si le sol est uni ou en pente
douce, après avoir brûlé tout ce que
la hache n'a pu atteindre, il faut enlever jusqu'aux souches et aux racines ;
s'il est escarpé et inégal, la conserva-
tion des souches est nécessaire pour

retenir les terres et prévenir ainsi les
ravages des averses qui sans cette précaution entraîneraient chaque fois avec
elles une portion plus ou moins considérable.

Semis et plantation.

Le cafier se multiplie de graines,
qu'on sème ou à demeure ou en pépinière. En semant à demeure, on s'é-
pargne beaucoup de peine, l'établissement est plutôt formé, et les arbres con-
servent leurs pivots et résistent mieux
aux efforts des vents. Cette méthode
doit surtout être adoptée dans les
quartiers pluvieux ; elle est simple.
Pour la pratiquer, on plante des pi-
quets en quinconce ou de toute autre
manière : on les espace convenablement, plus ou moins, selon la qualité
du sol, et au pied de chaque piquet

on fait un trou avec un plantoir dans lequel on jette plusieurs grains de café. Quand les plants ont acquis douze ou quinze pouces de hauteur, on n'en laisse qu'un dans chaque trou, et toujours le plus fort.

Dans les endroits où il y pleut rarement, il est plus avantageux de semer en pépinière. Pour cela on choisit un lieu assez découvert, et un sol médiocrement bon, non fumé, mais préparé par plusieurs bons labours. On le dispose en planches et en rayons profonds d'un demi-pouce et distant entr'eux de sept à huit. On y sème à trois ou quatre pouces d'intervalle, non la baie du café, mais sa graine ou fève. L'époque la plus favorable à ce semis est l'équinoxe de septembre, dans les pays situés en-deça de l'équateur, comme la Martinique et Saint-Domingue, et celle de mars dans les contrées qui sont au-delà de la ligne, comme les Iles de France, de Madagascar et de Bourbon. Les jeunes plantes supporteront aisément la chaleur du solstice d'hiver de ces climats, et auront déjà acquis une certaine force lorsque celle de l'été se fera sentir. Si on semait dans une saison opposée on les exposerait à périr dès leur naissance.

Les semis ne doivent jamais être faits dans les environs des haies dont les racines dévorent la substance de la terre, et dont l'ombrage, surtout celui des haies de campêche, arrête la croissance des jeunes cafiers. La pépinière, demande à être arrosée, soit par filtration ou par irrigation. Cependant on ne doit pas trop répéter souvent cette opération ; car les jeunes arbres trop arrosés n'ont point à l'époque de la transplantation la même vigueur des autres : il faut surtout avoir attention que les plants ne soient pas submergés.

On transplante les cafiers pendant l'hiver des pays où on les cultive ; dans cette saison ils ont moins de sève. On les enlève de la pépinière avec leur motte de terre ou sans motte. Cette dernière méthode est la plus généralement suivie ; mais l'autre, quoique plus longue, est plus sûre et par conséquent préférable ; en l'employant, on peut se dispenser de consulter la saison, pourvu cependant que la transplantation se fasse dans un tems pluvieux. On retranche ou on ne retranche pas le pivot du jeune plant, suivant la nature du sol préparé pour le recevoir. Si ce sol a de la profondeur, le pivot doit être conservé ; dans le cas

contraire, on le coupe au moment et
dans le lieu de la plantation.

La profondeur et la largeur du
trou, la distance des plants entre eux
et leur disposition sur le terrain, doivent aussi être subordonnées non-seulement à sa qualité, mais encore à sa
pente plus ou moins grande, ou nulle, à
son exposition, et même aux variations
de l'atmosphère auquel est sujet le
lieu où est établie la caféterie. Il est
clair qu'on doit espacer davantage les
plants et faire des trous plus larges dans
les lieux humides ou souvent arrosés,
surtout si le sol est plus riche et plus
profond. Dans les endroits secs ou disposés en pente, les jeunes cafiers doivent
être plantés plus rapprochés, et les trous
avoir une largeur et une profondeur
relatives. On né peut rien prescrire, à cet

égard comme règle générale. Cependant, dans les terrains nouvellement défrichés, les trous doivent toujours être plutôt larges qu'étroits, parce que ces terrains sont ordinairement remplis d'une multitude de petites racines d'arbres qu'il importe d'enlever : elles servent de retraite et de pâture aux vers blancs qui attaquent ensuite celles du cafier, surtout le pivot, et font périr l'arbre.

Les jeunes plantes qu'on enlève de la pépinière doivent avoir toujours quinze à dix-huit pouces de hauteur. On les couvre de terre jusqu'à deux pouces au-dessus du collet de la racine, et on les coupe à dix ou douze pouces au-dessus de la surface du sol, ne laissant que la tige.

Quand la plantation est entièrement achevée, pour préserver les jeunes cafiers et favoriser leur reprise, on les en-

toure de branches garnies de feuilles,
qu'on retire ensuite au bout de quinze
ou vingt-jours ; on doit toujours laisser
les feuilles au pied du plant, elles le
maintiennent dans un état de fraîcheur.

Pendant les deux premières années
de leur plantation, les jeunes cafiers
n'ont besoin que de quelques légers
binages ; par la suite, leur ramification
en s'étendant, étouffe toutes les mauvaises herbes.

Étêtement et taille.

Tartout les endroits où on fait des
plantations de cafier, on est dans l'u-
sage de les étêter. Cette opération,
quoique contrariant la nature, est pour-
tant fondée sur de bonnes raisons. Par
ce moyen on rend la récolte plus facile,
on donne aux branches lattérales plus de

développement ; et par là les arbres
sont mieux garantis de la violence des
vents. C'est la qualité du sol qui doit
déterminer la hauteur à laquelle il faut
l'étêter ; dans les mauvais terrains, on
les arrête communément à dix pieds
et demi, et dans le meilleur à quatre
ou cinq pieds. Quant à leur taille, on
doit retrancher avec soin toutes les
branches gourmandes à mesure qu'elles
se montrent. Les branches mortes ou
demi-rompues doivent être taillées au
vif, et la place récouverte de terre hu-
mectée. Il ne faut pas négliger de re-
lever sur-le-champ les arbres qui ont
été fortement ébranlés ou renversés par
un ouragan, et alors on a soin de les ré-
dresser. Lorsque les cafiers, dans leur
extrême vieillesse, portent des bois
morts, on ne fructifie que très-peu, on
les recèpe le plus près de terre possible,
et au moment où ils sont le moins en

sève, c'est-à-dire à l'un des deux sols-
tices ; suivant le pays, on laboure ensuite
la terre au pied, et on y jette de l'engrais.

Floraison du Cafier et récolte de la Cerise.

Les cafiers fleurissent presque pendant toute l'année, ou pour parler plus
exactement, ils fleurissent deux fois
l'année, au printemps et en automne ;
le temps de chaque floraison dure souvent pendant six mois consécutifs, de
manière cependant que, lors de chaque
floraison, il y a un mois, où deux
plans abondent en fleurs plus que
les autres.

Lorsque la cerise de café a acquis une
couleur de rouge foncé, on commence
la première cueillette. On parcourt

pour lors les cafiers ; on détache déli-
catement les graines qui ont acquis le
degré de couleur convenable sans enlever celles qui les touchent et qui
sont encore vertes. A peine a-t-on fait
cette cueillette que d'autres grains rou-
gissent et vous appellent, et ainsi de
suite jusqu'à ce que tout soit fini. Alórs
de nouveaux boutons paraissent et an-
noncent les fleurs qui vont faire toutes
les espérances de la récolte suivánte.

Dessicátion de la Cerise.

À mesure que la récolte de la cerise
de café se fait, on les étend par couches
de trois pouces au plus d'épaisseur, sur
des aires spacieuses, exposées à l'air et
au soleil, et préparées de différentes
manières, soit payées, soit revêtues

d'un bon ciment. Il est avantageux que les aires aient une légère pente qui puisse faciliter l'écoulement des eaux. Au moyen de cette disposition, les cerises, qu'on a soin de retourner souvent dans la journée, sont réchauffées à la fois dans toute leur surface par les rayons directs ou réfléchis du soleil. On veille à ce qu'elles n'entrent point en fermentation, ce qui nuit à la qualité du café, parce qu'alors le suc de la pulpe devient volatil et spiritueux, communiquerait à la fève un goût d'aigre et une odeur désagréable. On sème ainsi les cerises sur l'aire pendant trois semaines au moins; quand elles sont desséchées et que leur peau est devenue cassante, on sépare cette peau du grain au moyen d'un moulin fait exprès; à défaut de moulin, on se sert de mortiers.

Dans les lieux où les pluies sont très-fréquentes, la méthode de dessécher la cerise à l'étuve doit être préférée ; elle exige moins de main-d'œuvre et le desséchement s'opère plus promptement sans crainte de fomentation.

Analyse chimique du Café.

Objet de consommation journalière et presque générale, le café a dû exciter de bonne heure l'attention des chimistes : aussi a-t-il été une des substances végétales sur lesquelles on a le plus entamé de recherches. Les travaux d'Herman, de Cadet de Gascicourt, de Chenevix, de Séguier, de Paryssé sont ceux qui semblent mériter le plus de confiance. A l'avantage des secours qu'ils ont pu tirer des expériences de leurs devanciers, ces chimistes ont joint celui de faire leur analyse à cette époque où la science avait des avantages à sa disposition. Les différentes sortes de café sur lesquelles les chimistes ont opéré, ont dû sans doute donner des résultats divers ; néanmoins, trop de différence sépare encore les résultats pour croire qu'ils soient les derniers mots de la chimie.

Suivant M. Cadet de Gassicourt, les principes du café cru sont : de la gomme, de la résine, de l'acide gallique de principe amer, et une petite quantité d'albumine, le tout uni à un parenchyme fibreux qui forme près des deux tiers de la masse. Ce chimiste regarde le café Bourbon et de la Martinique, comme identique dans leur nature ; mais le café Moka s'en distingue en ce qu'il contient plus d'arôme, plus

de résine, et moins d'acide gallique.

Selon M. Herman, les principes im-
médiats du café sont, une matière
extravasive, une gomme, et une résine.

Dans l'analyse que M. Séguin a fait
des différentes sortes de café du commerce, il a trouvé une forte proportion
d'albumine, un principe amer, une
huile fixe inodore, insipide, blanche
comme du saindoux, puis une matière
verte particulière.

M. Chenevix a pareillement fait connaître les propriétés du principe amer, en
l'obtenant dans un état isolé. Il le consi-
dère comme une substance particulière,
et lui a trouvé un goût agréable. Un
de ses caractères le plus distinctif est
de précipiter l'hydrochlorate d'étain
et le sulfate de fer en vert foncé.

M. Payssé a prétendu que ce prin-

4

cipe amer était un acide d'un genre nouveau qu'il appelle acide cafique. De nouvelles expériences tendent à prouver que cet acide de M. Payssé n'est point un acide particulier.

Parmentier, s'étant aperçu que le papier brouillard avec lequel on enveloppe le café chaud prenait un aspect gras luisant, en avait inféré la présence d'une huile grasse dans le café. M. Cadet de Gascicourt n'avait pu extraire cette huile, ni par expression, ni par l'ébullition avec les alcalis. M. Séguin est parvenu cependant à l'isoler par le moyen de l'alcohol et de la congélation. La légère odeur du café avait fait présumer qu'il contenait aussi une huile volatile; quelques chimistes en ont parlé, mais bien légèrement.

Enfin on doit compter aussi comme principes du café, le fer, la chaux, et l'hy-

dro-chlorate de potasse, que l'on trouve
dans les cendres de cette semence.

La torréfaction, en désorganisant le
café, lui fait éprouver des changemens
considérables, comme chacun le sait :
elle y développe une autre couleur,
une autre odeur et un autre goût.
Les effets du grillage ont reçu des
explications vouées : plusieurs chimistes même, et notamment M. Cadet
et Chenevix, admettent la conversion
de l'acide gallique en tannin. Séguin
et Payssé assurent fortement que la so-
lution de gélatine n'occasionne pas de
précipité dans l'infusion du café torréfié, ce qui semblerait y démontrer l'ab-
sence du tannin.

Outre le tannin, Thompson (chimiste anglais distingué), croit qu'il
se produit une substance nouvelle encore indéterminée, qui se forme aussi

lorsqu'on grèle des fèves, des pois, etc.; l'expérience démontre, dit Klaproth (autre chimiste anglais), que la torré-faction fait naître une plus grande quantité d'arome et de résine : pour le développement de l'arome, il est trop en évidence pour qu'on puisse le mettre en doute. La plus grande somme de matière résineuse est rendue plus sensible par l'alcohol, qui extrait une bien plus grande quantité de ce principe du café torréfié que du café non torréfié.

Voici comment M. Séguin se rend compte des effets de la torréfaction : elle détruit en partie l'albumine et en totalité la matière verte; elle déshy-drogène, ou ce qui vient au même, elle carbonise le principe amer. La destruction totale de la matière verte est regardée par ce chimiste comme l'effet principal du grillage. Quant à

l'huile grasse, elle ne subit pas plus
d'altération que celle contenue dans les
semences du lin qu'on fait griller pour
brûler le mucillage qui s'opposerait à
son extraction. Elle existe donc en entier dans le café torréfié : c'est elle
qui constitue ces gouttes d'huile que
l'on voit surnager quelquefois après
l'infusion du café bien fait.

———

4.

DEUXIÈME PARTIE.

Préparation du Café.

La torréfaction du café, sa ré-
duction en poudre et son infusion
sont les préparations communément
adoptées aujourd'hui en France pour
la composition de cette agréable liqueur.

1°. *Torréfaction du Café.*

Les vaisseaux les plus convenables
pour la torréfaction du café sont ceux

en fer ; ils doivent même toujours
être préférés à ceux de terre vernissée,
dont l'usage peut devenir pernicieux,
parce que l'émail ou le vernis dont ils
sont revêtus s'éclate par la chaleur, et
se mêle quelquefois au café. Ce grain,
brûlé dans un vase de fer neuf, con-
tracte à la vérité, dans les premiers tems,
une odeur un peu désagréable, mais cet
inconvénient n'existe plus quand l'instrument a servi quelquefois à cet usage ;
l'expérience journalière prouve que
l'on peut brûler ensuite le café dans
de pareils ustensiles sans aucune crainte.

Dans certains endroits, on a l'habitude de rôtir le café dans des espèces
de casserolles de fer à découvert, mais
cette manière d'opérer est très-mau-
vaise, car elle favorise l'évaporation
des parties les plus subtiles et les plus
précieux de ce café, et on ne le retrouve

plus par conséquent dans cette excel-
lente boisson.

La forme la plus convenable qu'il
convient de donner à l'instrument avec
lequel on veut torréfier le café, est celle
du tambour de fer que communément
l'on emploie ; je n'en donnerai pas ici la
description, parce qu'il est connu de
tout le monde.

Après que le feu du fourneau a été
allumé, on commence par introduire
les graines de café dans ce cylindre
qui ne doit pas être entièrement rem-
pli ; on en assujettit bien la portière
qui est pratiquée en long sur les parties lattérales, et qui glisse dans une
coulisse, de manière à ne laisser aucune
communication entre l'intérieur et l'air
libre. Puis on place la machine ainsi
disposée sur son fourneau ardent ; on
lui imprime alors, au moyen d'un man-
che garni de bois, des mouvemens

circulaires réguliers qui déplacent le café et soumettent tous les grains à l'action de la chaleur; ils augmentent d'abord de volume en se pénétrant de calorique, ils pétillent et se colorent légèrement en fauve ; la pellicule qui les enveloppe et que l'on nomme *arille*, se détache et se brûle en partie : le café répand alors une odeur aromatique des plus agréables; il s'en dégage une vapeur considérable, le grain fume et prend une couleur brune. Alors l'odeur paraît légèrement empyreumatique; le café transpire, devient huileux à sa surface et cesse de fumer. Si l'on continue encore l'action du feu, le café se charbonne, et en cet état, il n'est plus propre à rien.

L'intervalle qui sépare l'instant où le café se colore de celui de sa carboni-sation est assez long pour qu'il soit diffi-

cile de déterminer le point où il faut
s'arrêter, afin de conserver au grain ses
propriétés les plus agréables ; mais il
me semble aussi que l'on doit avoir égard
à l'espèce de café que l'on torréfie : si
c'est du café Moka que l'on opère,
certains principes étant chez lui plus
abondans, plus volatiles, il faudra bien
se garder de le soumettre à un degré
de torréfaction aussi considérable que
celui des îles ; par une chaleur un peu
trop forte, ou long-tems soutenue, l'on
dissiperait cet arome si précieux pour
le palais explorateur et exercé d'un
gourmet ; on ne lui donnera donc qu'un
degré d'ustion capable de le faire passer
à une couleur de canelle, d'amandes
sèches ou de chapelure de pain. Le café
Martinique, qui contient plus de parties gommeuses, moins de parties aro-
matiques et d'arome, pourra éprouver

un degré de torréfaction plus considérable ; on rapprochera par là davantage
ses principes, et la couleur que le feu
lui imprimera devra être portée jusqu'au brun marron.

Quand le café a acquis la couleur
prescrite, on le retire bien vîte de dessus le feu, et après avoir tourné le tambour à l'air libre pendant quelques minutes, on verse le grain sur un corps
froid, tel que le marbre, la pierre,
afin de concentrer en lui-même ses
principes : aussitôt qu'il est parfaitement refroidi, on le met dans des vases
de faïence ou de fer blanc, peu importe,
pourvu cependant qu'il n'ait rien con-
tenu capable de lui communiquer une
mauvaise odeur, et on a soin de le
fermer très-exactement. Quelques personnes l'étouffent comme dans une ser-
viette ou dans du papier ; mais cette

pratique est très-défectueuse, car ce corps gras s'imprègne de la partie huileuse du café, et on ne le retrouve plus dans la boisson.

2°. *Pulvérisation du Café.*

Un moulin dit à café est l'instrument que l'on emploie ordinairement à cet effet. Les graines ne doivent jamais être moulues ou pulvérisées avant leur entier refroidissement; car dans cet état, leur substance ayant été rendue pâteuse par l'action du feu, embarrasserait la noix du moulin. Je crois qu'il serait aussi convenable de ne les réduire en poudre qu'au moment même où l'on veut faire l'infusion, car elles perdraient par-là moins de principes odorans: les Arabes ont cette habitude.

Cette poudre ne saurait être trop te-
nue ; les mollécules intégrantes étant
ainsi divisées, les autres substances se-
ront plus à nu, et se fixeront plus
aisément et en plus grande quantité
au véhicule qu'on leur présentera : les
Turcs, grands amateurs de café, ont re-
connu cet avantage.

Cadet de Vaux observe que moudre
le café torréfié, comme on le pratique
communément, n'était pas la meilleure
méthode pour le diviser, que le grain
pilé dans un mortier couvert, conser-
verait plus d'arome que celui qui était
passé au moulin.

3°. *Infusion du Café.*

On prépare l'infusion du café de
trois manières différentes, par la cafe-

tière ordinaire, par l'appareil phar-
maco-chimique de M. Henrion jeune,
et par l'appareil de M. Dubelloy.

1°. *Infusion du Café par la cafe-tière ordinaire.*

Il serait inutile, je pense, de donner
ici la description de la cafetière que
l'on emploie pour préparer l'infusion
du café, parce que cet instrument
est connu de tout le monde. Lorsqu'on veut obtenir l'infusion à l'aide
de cet instrument, on le place sur le
feu avec la quantité d'eau convenable
que l'on fait bouillir ; dès que l'eau a
acquis ce degré de chaleur, on le retire
du feu, l'on y dépose la dose de café
nécessaire, et on le replace ensuite
après l'avoir bien fermé sur les cen-

dres chaudes qui doivent tenir le li-
quide à la température où il se trouve,
sans qu'elles le portent à l'ébullition,
qui dissiperait par là les parties volatiles ; par cette digression, qui devra
durer environ deux heures, l'eau se
charge des principes du café qui s'y infuse lentement, se laisse pénétrer sans
perdre son arome. Au bout de ce tems,
on retire la liqueur de dessus le feu,
on la laisse reposer pendant environ
un quart d'heure ; puis, évitant de
communiquer aucun mouvement, l'on
décante avec précaution tant qu'elle
paraît claire pour être prise à l'instant
même, avec ou sans sucre, selon le
goût des amateurs.

Dans les grandes maisons, et chez
les limonadiers, on clarifie le café avec
la colle de poisson, c'est le moyen
sans doute de le rendre très-agréable à

la vue ; mais on lui ôte par cette addi-
tion une grande partie de son parfum.

2°. *Infusion du Café par l'appareil pharmaco-chimique de M. Hen-rion jeune.*

Cette cafetière contient dans son
centre une boîte cylindrique à jour,
laquelle renferme une grille à trois pans
perpendiculaires entre lesquels se place
le café par portion, afin d'en évi-
ter le trop grand entassement. On le
torréfie comme à l'ordinaire, et au
lieu de le moudre, ce qui diminue sa
qualité, on se contente de le broyer
dans un mortier. La cafetière est à
double fond ; à sa superficie se trouvent
deux orifices ou l'origine de deux con-
duits. Dans l'un et l'autre cas, et lors-

que le café est dans la grille intérieure
et bien couvert, on y verse de l'eau
bouillante, d'abord par le conduit qui
aboutit au corps intérieur où le café
est déposé, ensuite par celui qui donne
dans l'intervalle compris entre les deux
corps ; on rebouche les orifices pour
empêcher l'évaporation. Après vingt
minutes d'infusion, on soutire la liqueur par un robinet placé en bas de la
cafetière.

Le café préparé de cette manière,
offre une belle couleur dorée, il con-
serve le goût du fruit, et il a plus de
parfums et de mordant que celui préparé par la méthode que je viens de
faire connaître. Une livre de cette graine
pulvérisée de cette manière donne trente
tasses. La dose est d'une demi-once
environ par tasse ; mais si l'on ajoute
un marc de six tasses, on aura, en le

5.

faisant bouillir un peu plus long-tems, six nouvelles tasses qui ne céderont point en bonté aux précédentes. Au reste, si dans la même cafetière on avait laissé refroidir une infusion de café, il ne s'agirait, pour lui restituer la plus grande chaleur, que de retirer l'eau des deux fonds, qui fait l'office de bain-marie, et lui en substituer de bouillante.

3°. *Infusion du Café par l'appareil de Dubelloy.*

Cet appareil se compose d'un corps de cafetière qui se divise en deux parties presques égales en hauteur, une supérieure destinée à recevoir la poudre à infuser, l'autre inférieure à recevoir l'infusion toute faite; d'un filtre à ou-

vertures capillaires, qui est fixé à la partie inférieure de la division supérieure de
la cafetière, sur lequel on place le café,
et d'un autre libre à ouvertures un peu
plus grandes, situé à l'extrémité supérieure de la même partie, lequel est re-
couvert du couvercle ; et enfin d'un tas-
soir long d'environ huit pouces, servant à comprimer la poudre de café
sur le premier filtre.

Pour obtenir l'infusion du café par
cet appareil, on enlève le couvercle
e le filtre supérieur ; on introduit par
cette ouverture la poudre de café convenable qui tombe sur le filtre inférieur
et sur lequel on la comprime avec l'instrument dont j'ai parlé plus haut, puis
on replace le filtre supérieur à sa place,
sur lequel on verse de l'eau bouillante
qui tombe peu à peu sur toute la surface
du café, et qui, après s'être chargée de

son principe soluble en la traversant,
tombe dans le fond de l'appareil, lequel est percé en face la poignée d'un
orifice destiné à donner passage à l'infusion lorsqu'elle est faite, ce qui s'o-
père dans l'espace de dix-huit à vingt
minutes.

Telle est en peu de mots la construc-
tion de cet appareil, et la manière de
s'en servir.

TROISIÈME PARTIE.

Propriétés du Café considérées sous le rapport physiologique, ou de santé.

L'usage du café est commun en Egypte, et si familier en Turquie que, suivant le rapport de Hecquet, il y tient lieu de vin; il fait les délices des riches, la principale subsistance des pauvres et des soldats qui se nourrissent de quelques tasses de café.

Le tems le plus propre à prendre le

café à l'eau est sans doute celui où le repas finit, parce qu'alors cette boisson se mêlant avec les alimens, en favorise merveilleusement la digestion ; elle a de plus le précieux avantage de dissiper les vapeurs du vin, et de laisser dans la bouche un parfum qui fait oublier le goût des viandes.

Un des moyens propres à rendre utile cette boisson, c'est de la prendre la plus chaude qu'il est possible ; parce qu'étant refroidie, ses principes volatiles se sont dissipés.

Les nations du Levant ajoutent toujours au café qu'ils prennent, des clous de girofle, de la canelle, du cardamome, des graines de cumin, ou de l'écorce d'ambre, mais jamais ni lait, ni sucre. En Europe, en Amérique et aux Indes occidentales, on y mêle ordinairement du sucre sans aucune espèce d'aromate.

Le café, tel qu'on le prend ordinairement, aussitôt qu'il est parvenu dans l'estomac détermine une sensation des plus agréables à la région épigastrique ; il excite l'action de tous les organes ; mais ceux sur lesquels il porte le plus son influence, sont le cœur et le cerveau. Il peut, dans certaines constitutions individuelles très-irritables, occasionner de l'anxiété, de la chaleur, des palpitations de cœur, un véritable mouvement fébrile ; mais n'a-t-on pas exagéré les inconvéniens, lorsqu'on a dit qu'il pouvait produire des vertiges, des exanthêmes de la face, la faiblesse de la vue, la paralysie et même l'apoplexie?

Si le café, pris avec excès, est quelquefois nuisible à l'économie animale, on peut dire que chez la plupart des individus, pris modérément, il agit

comme un excellent tonique sur l'estomac, dont il favorise les fonctions,
excite celles de l'entendement, l'action
musculaire, les sécrétions et les exha-
lations; il prête plus de vivacité à l'i-
magination et à la mémoire; fait jaillir
la pensée, pour me servir d'une expression heureuse du docteur Tournelle;
chasse les chagrins, rappelle la gaîté,
et en un mot, il donne plus d'activité
à tout l'organisme.

Le café, sous le rapport de son action sur l'estomac et sur l'organe céré-
bral, est très-utile aux gens de lettres;
les sensations sont à la fois plus vives
et plus distinctes, les idées plus actives et plus nettes. Ce n'est donc pas
sans raison que le sénateur Cabanis
appelait le café la *Boisson intellec-
tuelle.* Aussi les savans, ceux qui se
livrent aux veilles, aux travaux du

cabinet en font-ils en général un usage habituel. Fontenelle, Voltaire, De-lille en prenaient beaucoup, et ils sont tous morts très-vieux ; c'était même presque la seule espèce de nourriture que Votaire se permit sur la fin de sa vie ; il sentait, disait-il, ranimer sa verve, lorsqu'il voyait fumer sa tasse.

Delille, qui est un de ceux qui a payé son tribut d'éloges au café, s'écrie dans son enthousiasme après avoir parlé du vin :

Il est une liqueur au poète plus chère,
Qui manquait à Virgile, et qu'adorait Voltaire.
C'est toi, divin café, dont la douce liqueur
Sans altérer la tête épanouit le cœur.
Ainsi, quand mon palais est émoussé par l'âge,
Avec plaisir encore je goûte ton breuvage ;
Que j'aime à préparer ton nectar précieux !
Nul n'usurpe chez moi ce soin délicieux.

Sur le réchaud brûlant moi seul tournant ta graine,

A l'or de ta couleur fait succéder l'ébène;

Moi seul contre la noix qu'arment ses dents de fer,

Je fais, en le broyant, crier ton fruit amer;

Charmé de ton parfum, c'est moi seul qui dans l'onde

Infuse à mon foyer ta poussière féconde;

Qui, tour-à-tour calmant, excitant tes bouillons,

Suis d'un œil attentif tes légers tourbillons;

Enfin, de la liqueur lentement reposée,

Dans le vase fumant la lie est déposée;

Ma coupe, ton nectar, le miel américain

Que du suc des roseaux exprima l'Africain,

Tout est prêt : du Japon l'émail reçoit tes ondes.

Et toi seul réunis les tributs des deux mondes.

Viens donc, divin nectar, viens donc, inspire-moi,

Je ne veux qu'un désert, mon Antigone et toi.

A peine j'ai goûté ta liqueur odorante,

Soudain de ton climat la chaleur pénétrante

Agite tous mes sens; sans trouble, sans cahots

Mes pensers plus nombreux accourent à grands

    flots.

Mon idée était triste, aride, dépouillée,

Elle rit, elle sort richement habillée,
Et je crois, du génie éprouvant le réveil,
Boire dans chaque goutte un rayon de soleil.

M. Berchoux, dans son poëme de
la Gastronomie, n'en fait pas un éloge
moins pompeux.

Le café vous présente une heureuse liqueur,
Qui d'un vin trop fumeux chassera la vapeur.
Vous obtiendrez par elle, en desservant la table
Un esprit plus ouvert, un sang froid plus aimable.
Bientôt, mieux disposé par ces puissans effets,
Vous pourrez vous asseoir à de nouveaux ban-
      quets.
Elle est du dieu des vers honorée et chérie;
On dit que du poète elle sert de génie,
Que plus d'un sot rimeur, quelquefois réchauffé,
A dû de meilleurs vers au parfum du café.
Il peut du philosophe, égayant les systèmes,

Rendre aimable, badin, les géomètres mêmes.
Par lui, l'homme d'état dispos après dîner,
Forme l'heureux projet de mieux nous gouverner.
Il déride le front de ce savant austère,
Amoureux de la langue et du pays d'Homère,
Qui, fondant sur le Grec sa gloire et ses succès,
Se dédommage ainsi d'être un sot en français.
Il peut, de l'astronome éclaircissant la vue,
L'aider à retrouver son étoile perdue.
Viens aimable Lysbé ; que tes heureuses mains
Nous versent à long trait le nectar des humains!

Bâcon dit que le café soulage la tête
et réjouit le cœur. Willis assure que, si
l'on en prend tous les jours régulière-
ment, il éclaire, il vivifie l'âme et dis-
sipe les chagrins. Le célèbre Harvey
en faisait un très-grand usage. A sa vertu
stomachique, il joint l'avantage de dissiper la nonchalance et la langueur

chez les personnes dont le genre nerveux est affaibli par les excès, la fatigue, ou une conduite irrégulière.

Quels que soient les heureux effets reconnus du café, il a été en butte aux reproches les plus graves et les plus mal fondés. On l'a accusé de causer l'insomnie; mais une observation de M. Hallé prouve que du moins il ne la procure pas d'une manière relative. Cet illustre professeur dit avoir vu un homme habitué à l'usage du café, se priver de cette boisson et ne pouvoir plus dormir, et, qu'en ayant repris, il recouvra tout de suite le sommeil. Frédéric Hoffmann a prétendu qu'il donnait lieu à la fièvre miliaire et au pourpre, mais, pour détruire cette assertion, il suffit de remarquer que les habitans des campagnes où l'usage du café est presque inconnu ne sont pas exempts

6.

de ces maladies. Mais l'accusation la plus alarmante est celle que Simon Pauli a portée contre cette boisson, de rendre les hommes impuissans et les femmes stériles : heureusement elle ne mérite aucune attention ; car elle devrait attirer au café un ana-thème universel, si elle était bien prouvée.

Tourtelle prétend dans son *Traité d'Hygiène*, que le café est nuisible aux personnes maigres, et aux femmes qui ont des fleurs blanches, mais cet auteur ne tombe-t-il pas ici dans la vague des expressions? N'est-ce pas trop les généraliser? En effet, la maigreur ne vient-elle pas souvent du vice des digestions et du défaut de nutrition qui en est la suite? Or, la difficulté et la lenteur des digestions ne dépendent-elles pas le plus ordinairement de l'état de faiblesse de l'estomac? Ainsi le café ne conviendra-t-il pas dans ces cas, s'il n'existe d'ailleurs de fermes raisons qui doivent le faire proscrire.

Quelques personnes ont été encore bien plus loin, et jusqu'à prétendre que le café était un véritable poison. Tout le monde connaît à ce sujet la réponse que Fontenelle, plus qu'octogénaire, fit au médecin qui lui soutenait que cette liqueur était un poison lent. «Oui, dit-il, bien lent; car depuis que j'en prends, je n'en ai pas encore ressenti l'effet! »

Cette boisson est généralement nuisible aux enfans, à cause de la disposition aux convulsions; mais elle peut cependant être avantageuse à quelques-uns; à ceux, par exemple, qui sont menacés de scrophule, du rachis, du carreau, etc. Par son usage on augmen-

tera graduellement l'énergie des propriétés vitales ; les fonctions digestives
qui sont si souvent levées par le mauvais lait et les mauvais alimens dont
on surcharge l'estomac de ces petits
malheureux êtres, s'exécuteront plus li-
brement ; on préviendra par là les co-
liques, les diarrhées, le développement des vers, et plusieurs autres maladies qui sont l'apanage de l'enfance.
On peut mêler à la bouillie qu'on est
dans l'usage de leur donner, une
cuillerée ou deux de cette liqueur peu
sucrée, ou bien on la leur fait prendre
après qu'ils ont avalé cette nourriture.
On ne doit pas redouter qu'une aussi
petite quantité procure l'insomnie ; ou,
si cela était, l'usage long-tems con-
tinué entraînerait l'effet de l'habitude.

Le café conviendra spécialement aux

vieillards pour hâter leurs digestions
et soutenir la contractilité du système
musculaire. Ils doivent surtout en
faire usage pendant l'hiver, s'il est humide, et en été plus que dans toute
autre saison. Les organes internes sont
frappés alors d'une véritable débilité;
toute l'action, tous les mouvemens
sont dirigés au dehors, les sueurs sont
abondantes ou même excessives, l'éner-
vation est à son comble : le café pris
modérément fera dériver une partie de
ces forces sur le centre épigastrique;
l'harmonie se rétablira dans toutes les
parties de l'économie animale, et à la
débilité générale succéderont le bien-
être, l'activité et la force.

Dans les convalescences accompa-
gnées d'une débilité excessive, où il
est nécessaire d'employer les toniques,
le café est d'autant plus avantageux

qu'outre qu'il ranime les fonctions
des organes de la digestion et fortifie
toutes les parties de l'économie animale , il est d'un goût très-agréable, et
est toujours pris sans répugnance par
le convalescent, dégoûté pour l'ordinaire de tous les médicamens dont il a
fait usage pendant tout le tems de sa
maladie.

Il est néanmoins certains individus
auxquels le café est tout-à-fait contraire
et doit être défendu; ceux, par exemple,
d'une grande susceptibilité nerveuse.
On en a vu chez qui une seule tasse
de café produisait des tremblemens
considérables dans tous les membres.
Ceux qui sont disposés aux insomnies,
à l'apoplexie, aux hémorrhagies actives,
aux vomissemens de sang, aux palpitations de cœur, aux hémorrhoïdes,
les femmes dont les évacuations pério-

diques sont très – abondantes , celles qui sont en couches , enfin toutes les personnes sujettes à quelque hémorrhagie, doivent s'en abstenir entièrement.

QUATRIÈME PARTIE.

Des propriétés du Café, considérées sous le rapport de la matière médicale et de la thérapeutique.

LE café n'offre pas seulement une boisson agréable et salutaire à ceux dont l'estomac peut être paresseux dans ses fonctions; mais ce fruit récèle encore des propriétés dont la médecine peut tirer un très-grand avantage pour le traitement de plusieurs maladies.

Je vais donc considérer successivement le café torréfié et non torréfié dans ses rapports avec la matière médicale et la thérapeutique.

1°. *Du Café torréfié et infusé, c'est-à-dire, tel qu'on le prend ordinairement.*

Le café ainsi préparé, est très-avantageux dans la débilité des organes gastriques, et calme sur-le-champ certaines céphalalgies symptômatiques qui dépendent de cette débilité; il fait aussi souvent cesser la migraine. Dans les Indes occidentales, où la céphalalgie, l'hermicranie sont fréquentes et plus cruelles qu'en Europe, le café est le seul remède auquel on ait recours dans ce cas. Cependant il manque aussi très-souvent son effet dans certains maux de têtes rebelles.

Suivant M. Prosper Alplin (*Recueil des Plantes d'Egypte*), les femmes égyptiennes et arabes prennent, avec beaucoup de succès, du café pour rappeler le cours de leurs règles.

Il est regardé par quelques auteurs comme un puissant diurétique. Moseley dit dans son traité du café, que si avant de prendre une tasse de cette boisson, on avale un verre d'eau fraîche, il agit comme appéritif.

Le café est quelquefois utile dans l'apoplexie. Mallebranche rapporte, dans les *Mémoires de l'Académie des Sciences*, pour l'année 1702, l'histoire d'un apoplectique à qui des lavemens faits avec une forte décoction de café furent administrés avec beaucoup de succès.

Des diarrhées opiniâtres, ayant résisté à toute espèce de traitement, ont été arrêtées par Luzoni, au moyen d'une infusion de café.

On s'en est servi avec beaucoup d'avantage dans la leucorrhée, l'hydropisie, les affections vermineuses, l'anasarque, et plusieurs autres indispositions occasionnées par une nourriture malsaine, ou par le défaut d'exercice, la faiblesse des fibres et la suspension de la transpiration.

On a guéri des fièvres intermittentes rebelles en faisant prendre aux malades d'une à deux onces de café en décoction dans quelques onces d'eau, et on ajoutait à cette décoction le jus d'un fort citron.

Musgrave (*de arthritide anomali*), avait dit que le café calmait les accès d'asthme, chez le gouteux. Ce fait n'avait pas encore été vérifié, lorsque Pringle, à qui Percival avait commu-

niqué quelques-unes de ses observations sur le café, lui écrivit que cette
substance était un excellent paliatif
dans les accès d'asthme périodique. Il
en donnait une once en décoction
dans un vase d'eau, et il réitérait
cette dose au bout d'un quart d'heure
ou d'une demi-heure. Percival a ensuite employé le café dans l'asthme avec
le même succès ; et Floyer, qui était sujet à cette maladie faisait, à la fin de sa
vie, un très-grand usage du café (*Traité
sur l'asthme*) et s'en trouvait fort bien.

Moseley (ouvrage cité) pense que
le grand usage qu'on fait du café en
France a diminué le nombre des calculs ; il a du moins observé que cette
maladie était plus rare dans nos colonies françaises, où le café est très en
vogue, que dans les colonies anglaises
où l'on en prend beaucoup moins. En

Turquie où il sert de boisson principale, les calculs et la goutte, ces
maladies si communes et si cruelles
dans nos provinces, sont à peine
connues.

Parmi les qualités du café, celle de
remédier aux inconvéniens qui sont la
suite de l'usage immodéré de l'opium,
ne doit pas être considérée comme la
moins importante. Percival a remarqué
sur lui-même que cette boisson en
neutralisait les effets narcotiques. La
même observation a été confirmée par
Carminati (opuscula therapeutica) chez
des personnes atteintes de maladies
vénériennes : ce fait est d'ailleurs cons-
taté tous les jours par les orientaux,
qui prennent habituellement de fortes
doses de café et d'opium ; le café est
non-seulement le meilleur correctif
de l'opium, mais encore le remède le

7.

plus efficace contre les maladies occasionnées par les opiacés.

On l'a aussi préconisé dans le scorbut, comme correctif et un excellent prophylactique.

Enfin, il a été proposé dans les fièvres aidynamiques et alaxiques ; mais aucune expérience n'a été encore publiée en sa faveur dans ce cas, et je ne sais jusqu'à quel point on doit compter son efficacité.

2°. *Du Café non torréfié, c'est-à-dire, cru.*

Le café non torréfié donne à l'eau une teinte jaunâtre, verdâtre ; de là, le nom de café citrin, qui a été donné à cette boisson, recommandée par Andry (*Traité des Alimens du Carême*), et par Rostant et Ryhiner (*Arcta hel-*

vetica, tome 5, page 387.). Mais c'est principalement dans ces derniers tems que l'attention des médecins a été appelée par le professeur Grindel sur le café non torréfié, qu'il regarde comme un excellent succédanné du quinquina.

C'est à l'établissement clinique de l'Université impériale de Dorpat en Russie, que l'auteur a fait ses expériences ; c'est surtout dans les fièvres intermittentes que ce médicament a été avantageux. Cependant il a été administré avec succès comme tonique dans diverses autres circonstances. M. Grindel l'a donné en poudre, en décoction et à l'extrait.

Pour préparer la poudre, on expose d'abord le café couvert d'eau à un feu léger, jusqu'à ce qu'il ne soit plus qu'humide, on le met alors dans un four

médiocrement chauffé où on achéve
de le dessécher. On y regarde souvent
pour ne pas le laisser se torréfier. Ainsi
desséché, le café se pulvérise facilement
et peut se moudre dans un moulin ordinaire. Pour que la décoction soit ac-
tive, l'auteur fait bouillir une once de
café dans seize onces d'eau jusqu'à ré-
duction de six onces : il conseille de
préparer l'extrait dans des vases de
terre, et non de fer.

Sur plus de quatre-vingt cas de fièvres intermittentes, il n'y en a eu que
quelques-unes qui ont résisté à l'action
du café préparé de l'une ou de l'autre
de ces manières. En poudre, la plus
forte dose a été d'un scrupule, toutes
les deux ou trois heures. Rarement il
a fallu plus de deux onces de poudre
pour guérir une fièvre intermittente,
même des plus rebelles : seize onces

de décoction ont guéri une fièvre de ce type. M. Grindel donne souvent la décoction pour seconder l'action de la poudre. Les doses de cet extrait sont variables et comparables à celles de l'extrait de quinquina. Une fièvre intermittente a été arrêtée avec six gros d'extrait.

Quand on administre le café comme tonique, l'extrait paraît mériter la préférence sur les autres préparations.

Parmi les observations intéressantes dans lesquelles M. Grindel a employé le café avec succès, comme tonique, se trouve celle d'un homme âgé de trente-sept ans, qui, ayant été guéri d'une hydropisie de poitrine, restait dans une espèce de marasme accompagné de diarrhée qu'on avait cherché en vain de combattre par le quinquina. Après avoir suspendu pendant quelque tems

toute espèce de médicament, comme
la maladie continuait de faire des pro-
grès, on recourut à l'extrait du café
combiné avec un peu d'opium, et dis-
sous dans l'eau; mais ce mélange oc-
casionnait de vives douleurs dans le
bas-ventre, et on s'en tint ensuite à
l'extrait de café seul, à la dose de dix
petites cuillerées par jour, dissoutes
dans environ six onces d'eau. Ce médicament améliora progressivement l'é-
tat du malade; il en prit près de douze
onces dans l'espace de deux mois, au
bout desquels il fut entièrement guéri.

Une dame avait perdu en peu d'années, neuf enfans qui tous avaient
succombé à l'âge de deux ou trois ans,
à une atrophie terminée par une diarrhée collicative. Le dixième, âgé d'un
an et demi était sur le point de subir
le même sort; le quinquina passait par

les selles sans être altéré; les autres
médicamens étaient tous sans effet,
lorsqu'on essaya la décoction de café à
laquelle on avait ajouté dans le commencement,un peu de gomme adragant,
et un peu d'extrait de tormentille. On
se borna dans la suite à la seule décoction de café que l'on administra
pendant neuf semaines, et l'enfant s'est
parfaitement rétabli.

Gentil, dans une dissertation sur le
café, rapporte aussi une foule d'observations qui prouvent l'efficacité de la décoction de café cru dans cet état de so-
lide que l'on appelle atonie, et en
général dans les maladies chroniques.

CINQUIÈME PARTIE.

Du Café indigène.

JE donne le nom de café indigène aux différentes substances propres à ce climat, qui, torréfiées et pulvérisées comme le café ordinaire, sont employées par beaucoup de monde, et en quantité variable pour atténuer la force stimulante de celui-ci. On compte parmi ces subtances, les graines de seigle, d'orge, d'avoine, de maïs, d'iris, le son, les amandes douces, les glands de chêne, les pépins de raisin, et enfin la racine de chicorée sauvage ; mais de toutes ces subtances, il n'y a guère que la dernière qui soit bien usitée, les autres ne le sont presque pas, aussi ce n'est que d'elle que je vais parler, et ensuite, de deux autres que je propose de lui substituer, comme ayant beaucoup plus de saveur et un arome plus agréable.

Café chicorée.

Culture, récolte et préparation de la racine de chicorée. — La chicorée n'est point délicate, elle s'accommode assez bien de toute espèce de terre, pourvu cependant qu'elle ne soit pas trop aquatique. On la sème ordinairement au printems à la vallée, ou en rayons, dans une terre convenable-

ment préparée par plusieurs bons labours faits à l'avance. Lorsque les jeunes
plants ont acquis quelques pouces de
hauteur, on les éclaircit dans les endroits où ils ont poussé trop épais, on
les bine ensuite afin de détruire les
mauvaises herbes, et vers le milieu de
l'été on renouvelle ce travail, et ensuite la plantation n'a plus besoin d'aucun soin. A l'automne, les racines de
chicorée ont acquis toute leur grosseur;
pour lors on les arrache de terre, en
évitant de les briser : on en retranche
soigneusement toutes les feuilles, ainsi
que toutes les petites racines, et on les
lave ensuite à plusieurs eaux, afin d'en
détacher la terre qui y adhère presque
toujours; et lorsqu'elles sont propres,
on les dispose par rangées sur des grandes corbeilles en osier qu'on repose au
soleil pendant quelques jours, afin de

leur faire perdre leur eau de végétation. Lorsque ces racines sont bien essuyées, on les coupe par tranches minces, qu'on fait torréfier sur des grandes plaques de fonte, et dès qu'elles ont acquis le degré de torréfaction convenable, on les passe au moulin pour les réduire en poudre fine qu'on met ensuite dans des petits sacs en papier gris, afin qu'elle ne s'évapore pas.

Il est utile d'être prévenu que cette poudre est susceptible de s'enflammer spontanément lorsqu'elle est en grande masse ; Muray rapporte que cinq maisons d'Augsbourg furent entièrement consumées par un incendie qui avait pris naissance dans un magasin, au milieu d'une grande quantité de cette substance.

Propriétés.

L'infusion de la poudre de chicorée est d'une couleur noire assez foncée, son odeur est peu aromatique, et sa saveur est fortement amer ; elle passe pour être rafraîchissante et laxative. Cette dernière propriété est surtout assez développée dans cette poudre; car une seule tasse de son infusion prise le matin à jeûn, provoque chez beaucoup de personnes des déjections assez abondantes. Il en est même qui éprouvent de pareils effets en n'en ajoutant qu'une petite quantité dans leur café, et je citerai à ce sujet madame G... qu'une seule pincée de cette substance mêlée dans son café, purge avec autant de force que ferait une forte médecine.

Café de carotte et de navet.

Ce goût d'amertume si prononcé, et cette propriété laxative si manifeste dans la poudre de la racine de chicorée m'engagèrent il y a environ trois mois à faire des recherches parmi nos végétaux, pour tâcher d'en trouver quelqu'un qui, torréfié comme on le fait pour elle, n'offrit pas ce goût d'amertume intense, et cette propriété laxative si déplaisante. De toutes les plantes que j'ai mis en usage à cet effet, je n'ai trouvé que la racine de carotte et de navet qui, mêlées ensemble, atteignent ce but.

Je prépare ces racines comme celles de la chicorée, et la poudre qu'elles me fournissent est d'une assez belle

8.

couleur, infusée dans une quantité d'eau convenable, elle donne une liqueur d'un noir assez foncé, son odeur est assez agréable, sa saveur est légèrement amère; et d'après le sucre que contiennent ces racines dans leur état naturel, et que la torréfaction ne détruit pas entièrement, elle est légèrement nutritive, pectorale et rafraîchissante. J'ai fait goûter cette boisson à plusieurs personnes, et toutes l'ont trouvée bien supérieure à celle que fournit la poudre de chicorée. Ainsi, d'après ce que j'ai dit des inconvéniens du café chicorée et de la bonté de celui de carotte et de navet, j'ose croire que les personnes qui sont dans l'usage de mêler à leur café la poudre de chicorée, mettront en usage le café que je propose, et que chacun peut se préparer à peu de frais, en se servant pour la torréfaction, des racines d'un tambour ordinaire dont on fait usage pour torréfier le café.

———————

SIXIÈME PARTIE.

Prix de chaque sorte de Café du commerce, noms et demeures des différens marchands où cette graine se trouve toujours en bonne qualité, ainsi que les noms et adresses des principaux Limonadiers chez lesquels on trouve cette boisson bien préparée, et à un prix modique.

Après avoir décrit le cafier, traité son histoire, indiqué la manière de le cultiver, de le multiplier, d'en ré-

colter le fruit, d'en préparer agréablement et économiquement la boisson , fait connaître les propriétés physiologiques et médicales, parlé du café
indigène: il est juste maintenant, pour
compléter mon travail, que j'indique
le prix des différentes sortes de café
répandues dans le commerce, et les
noms et demeures des différens marchands où cette graine se trouve toujours en bonne qualité, ainsi que les
noms et adresses des principaux limonadiers chez lesquels on trouve toujours cette boisson bien préparée et à
un prix modique.

Prix des différens Cafés.

Café Bourbon. . . . . 28 sous la livre.
Café Saint-Domingue. 25
Café Guadeloupe. . . 36

Café Martinique. . . 34 sous la livre.
Café de Cayenne. . . 3o
Café Moka. 42

*Noms et demeures des différens
marchands de Café.*

MM. *Beller*, rue Saint — Denis,
n. 255.

Bernard, rue Barre-du-Bec,
n. 14.

Bonot, rue des Cinq Dia—
mans, n. 27.

Bourguignon et *Mallet*, rue
Notre—Dame—des—Victoi—
res, n. 34.

Buffard, rue Barre -du—
Bec, n. 17.

Chevalier frères, Cloître Saint-
Merri, n. 20.

MM. *Chevalier*, rue de la Vieille
Monnaie, n. 26.

Heloin, rue Saint-Denis,
n. 74.

Jessé frères, rue Saint-Merri,
n. 27.

Joubert et *Gervais*, rue Four-
rey, n. 8.

Laurent, rue des Arcis, n. 52.

Lebarron, rue de la Verrerie,
n. 77.

Lemaire-Piot, rue de a
Verrerie, n. 74.

Lepaire, rue de la Verrerie,
n. 67.

Leroy, rue des Arcis, n. 31.

Lucot et *Adrien frères*, rue
des Singes, n. 1, au Ma-
rais.

Mouthiers, rue de la Verrerie,
n. 81.

Pasquier fils, rue Neuve-
des-Petits-Champs, n. 78.

Voyer, rue de la Verrerie,
n. 65.

Roycourt, rue des Bouchers,
n. 10.

Simonet et *Compagnie*, rue
des Cinq Diamans, n. 16.

*Noms et demeures des meilleurs
Limonadiers.*

MM. Armand, Carrefour de l'O-
déon. n. 3.

Barboulat, Palais – Royal,
Galerie de Pierre, n. 170.

Bier, rue des Prêtres-Saint—

Germain — L'Auxerrois,
n. 19.

MM. *Bourgeois*, Place—des—Vic—
toires,

Delanoy, rue de Valois, Pa—
lais—Royal, n. 10.

Duclos — Barley, Palais—
Royal, Galerie de Bois,
n. 191.

Dvezard, Place du Palais—
Royal,

Ganache, Place de l'Odéon,

Giradin, quai Conti, n. 1.

Heu, rue des Fossés-Saint—
Germain—des—Prés, n. 13.

Jarri, Palais-Royal, Galerie
de Pierre, n. 50.

Lemblin, Palais-Royal, Ga—
lerie de Pierre, n. 100.

MM. *Lenoir*, Palais–Royal , Galerie de Pierre, n. 69.

Maréchal, rue de L'École de
Médecine, n: 4.

Mascré, Palais–Royal , Galerie de Pierre , n. 89.

Mercier , Palais-Royal, Galerie de Pierre , n. 67.

Morant , rue des Petits–
Champs , n. 203.

Morel, quai Voltaire, n. 21.

Mornet, rue Vivienne, n. 28.

Picard, rue de la Harpe,
n. 81.

Romain, Palais-Royal, Galerie de Pierre ,

Rossignol, Cloître Saint-
Honoré, n. 3.

MM. *Sabatino*, Palais-Royal, Galerie de Pierre, n. 10.

Secrétain, Place du Châtelet, n. 3.

Servant, quai de l'École, n. 14.

Silve, boulevard des Italiens, n. 10.

Vaspand, boulevard Bonne-Nouvelle, n. 8.

Veaudeau, rue Neuve-des-Petits-Champs, n. 43.

Veron, Passage des Ponoramas, n. 1.

Victor, rue de la Monnaie, n. 20.

Vilette, Cour des Fontaines, n. 2.

MM. *Watin*, rue Saint–Martin, n. 32.

Noms et demeures des différens Fabricans et Marchands de Café chicorée établis à Paris.

MM. *Bérod*, rue du Ponceau, n. 13.

Chebreaux, rue des Cinq Diamans, n. 17.

Geoffroy fils, rue de la Verrerie, n. 22.

Leroux, rue de la Cossannerie, n. 33.

Rescq, rue des Prouvaires, n. 14.

Maldant, rue du Ponceau, n. 12.

Millieu, rue Saint-Denis,
n. 52.

Noiret, rue Troussevache,
n. 24.

Soudau, rue de la Vieille
Monnaie, n. 17.

Dewaraët, rue Quincampoix,
n. 12.

FIN.

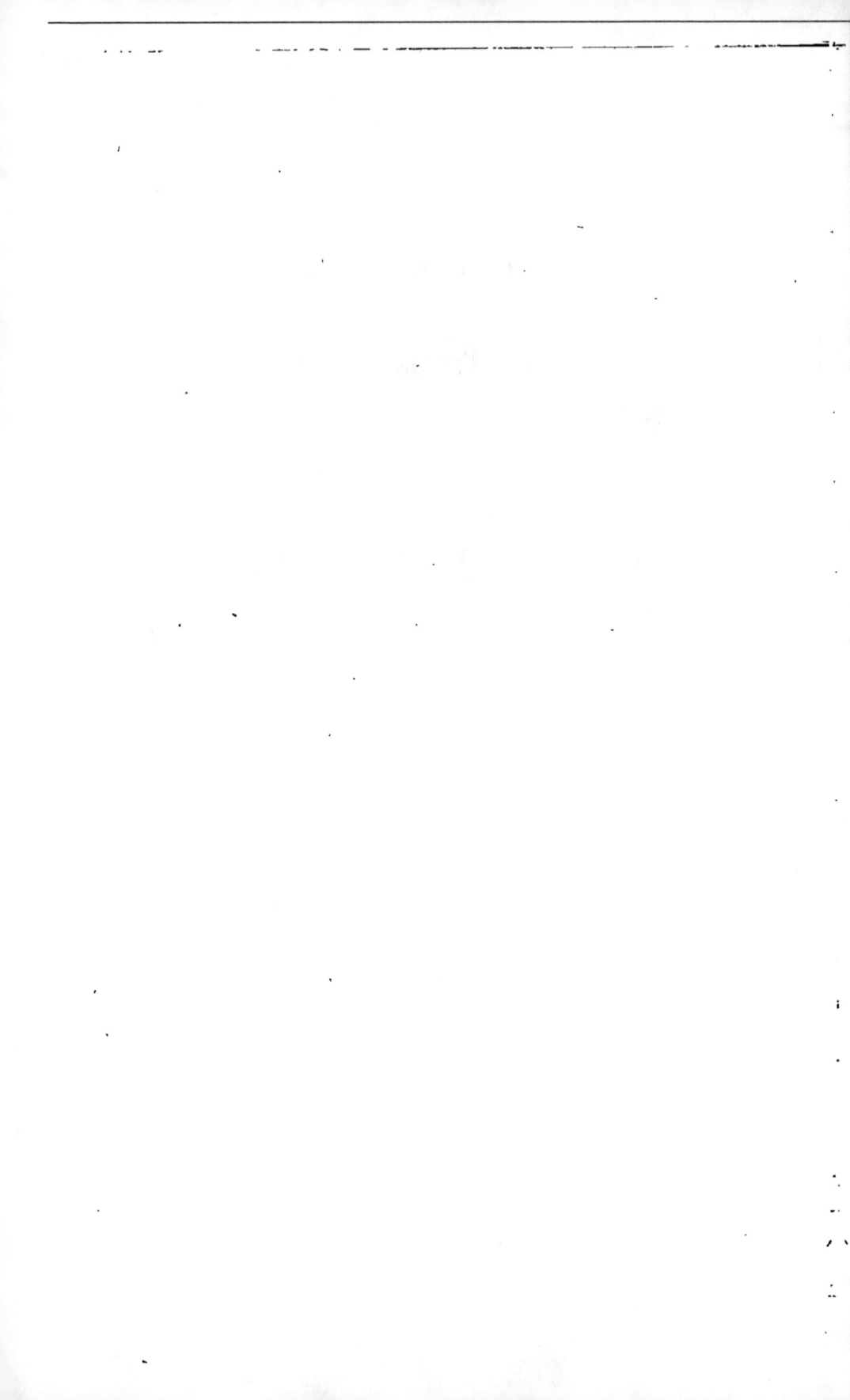

TABLE

ANALYTIQUE

DES MATIÈRES CONTENUES DANS
CET OUVRAGE.

PREMIÈRE PARTIE.

(105)

TROISIÈME PARTIE.

QUATRIÈME PARTIE.

CINQUIÈME PARTIE.

SIXIÈME PARTIE.

(107)

FIN DE LA TABLE.

www.ingramcontent.com/pod-product-compliance
Lightning Source LLC
Chambersburg PA
CBHW071220200326
41519CB00018B/5614